万物有道理

图解万物百科全书

[西班牙] SOL90公司 著　周玮琪 译

科技与文化

北京理工大学出版社

目录

科技与文化

科学	3
伟大的科学家	5
火车	7
飞机	9
征服太空	11
人类与月球	13
计算机	15
互联网	17
能源	19

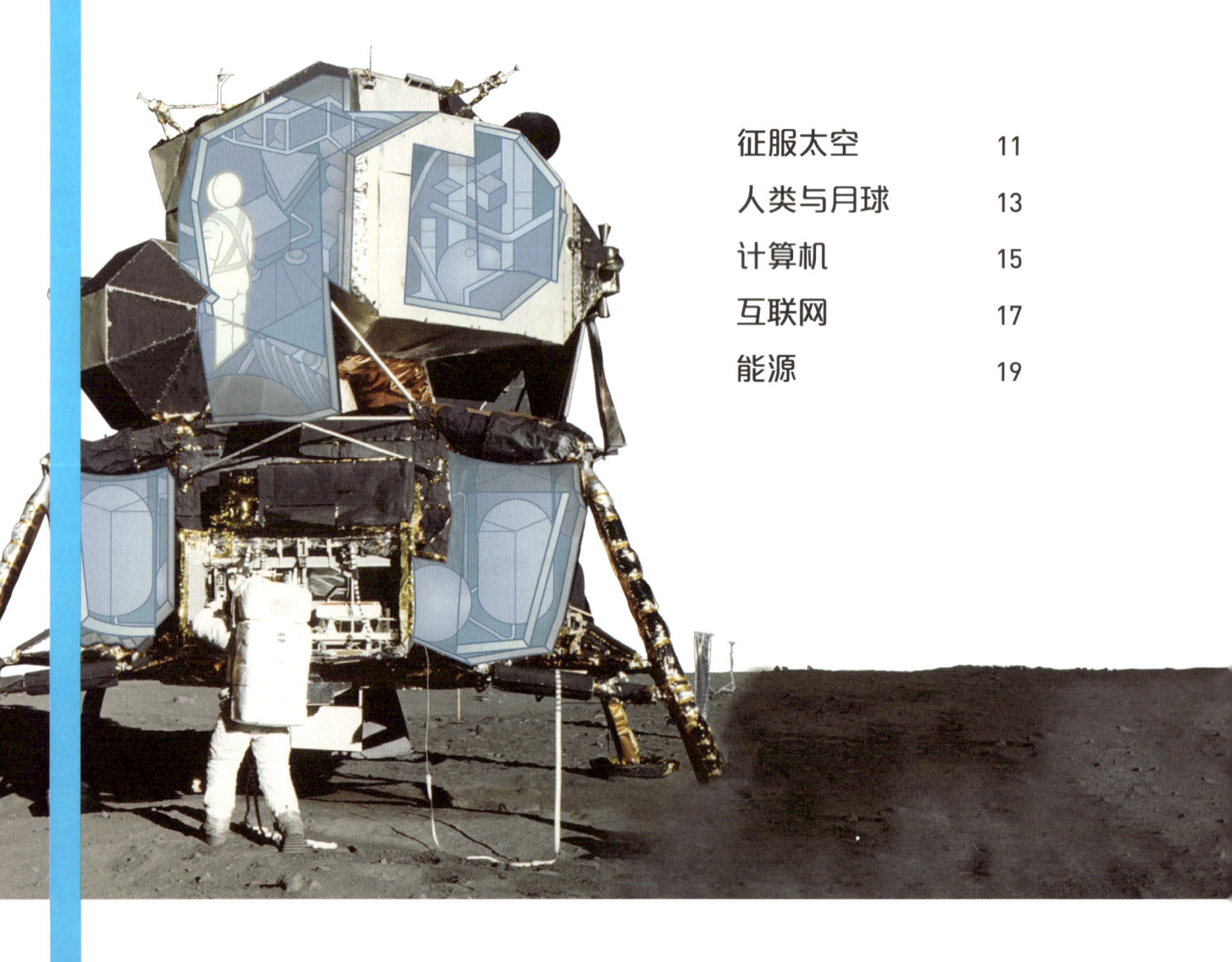

古代世界七大奇迹　21

中国的长城　　　23

马丘比丘　　　　25

泰姬陵　　　　　27

自由女神像　　　29

现代建筑　　　　31

史前艺术　　　　33

现代艺术　　　　35

现代奥林匹克运动会　37

科技与文化

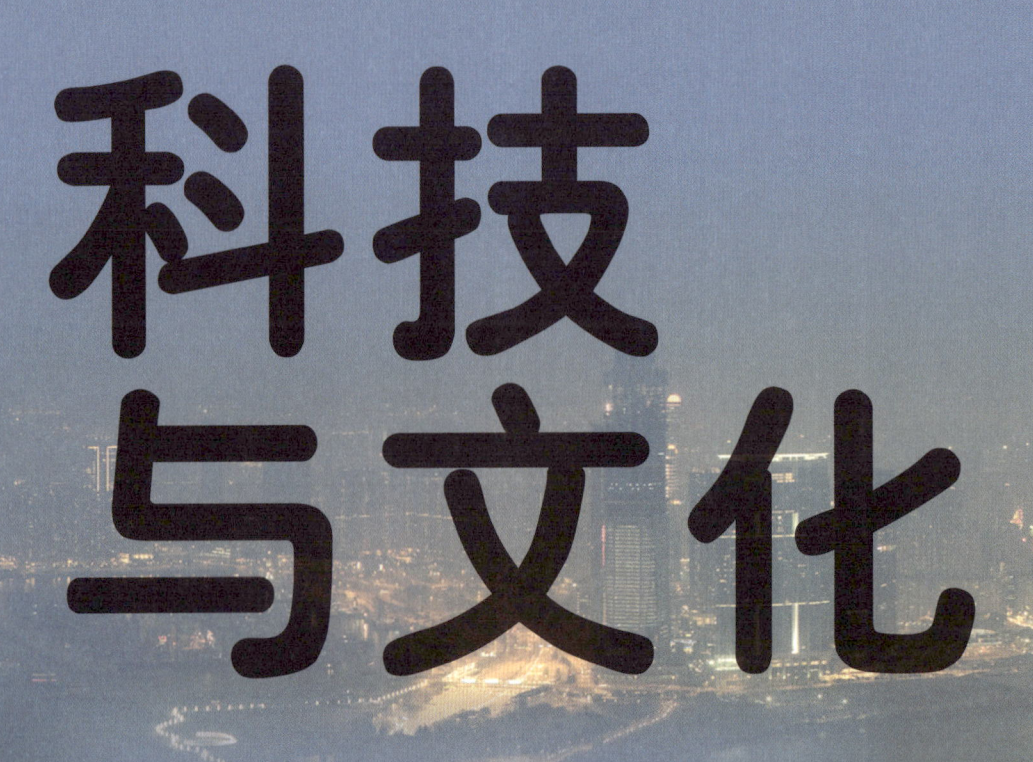

世界上大多数地方都有人居住。不同的人群有着自己的生活方式和文化，他们提出新想法，发明新技术来创造我们的现代生活。

城市的夜晚
如今,世界上一半的人口都生活在城市里。

03 科技与文化

科学

古往今来，人类一直试图弄清各种事物发展的规律。通过实验，现代科学获得了更多对世界的了解，检验了无数新思想。

科学知识是以证据为基础的。这些证据来自测试假设是否正确的实验。如果有证据表明假设是不正确的，那么科学家们就会试图提出一个新的假设。当有足够的证据证明一个假设的正确性时，它可能会成为一种理论或模型，用以阐释事物的相关规律。

科学知识

科学家们试图用定律来解释世界运行的规律，甚至希望能通过这些定律预测未来。科学是：

1 以事实为基础：科学研究事实和事件。

2 理性：基于理性和逻辑，而不是感觉或偏见。

3 可验证：可根据数据进行检验。

4 目的：科学知识随着新数据的不断发现而改变。

5 系统性：它建立在一个知识体系的基础上，科学的每一个领域都可以根据这些知识来检验其准确性。

6 解释：科学试图解释万事万物的规律。

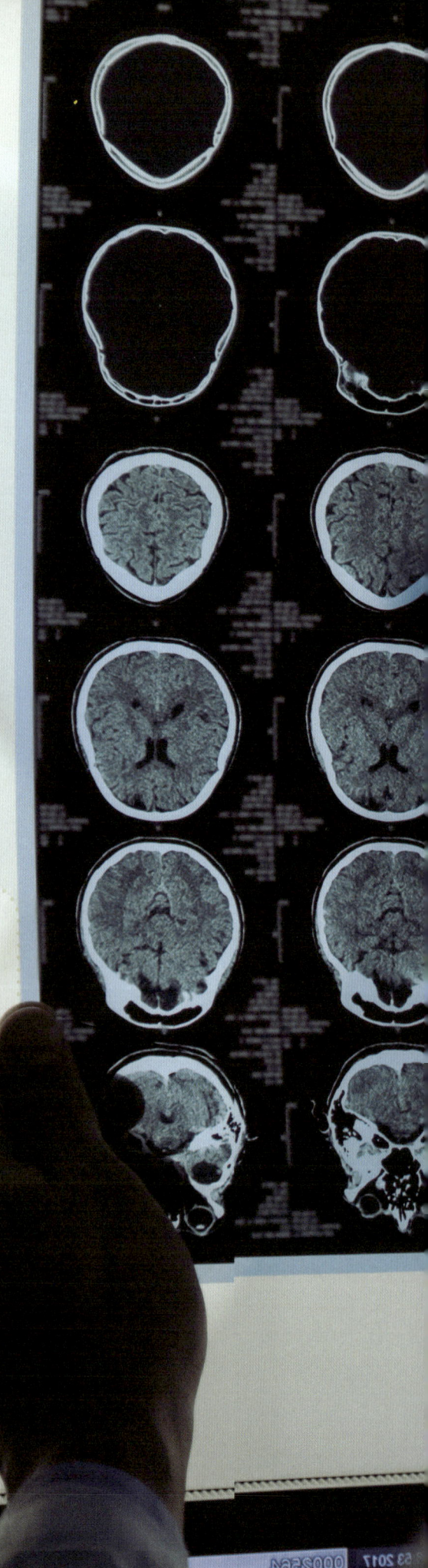

神经科学

它是对神经系统的科学研究。长期以来，有一种流行的说法：目前人类大脑仅被开发利用了10%。但在神经科学领域，这种说法被证实是错误的。因为研究发现，人脑中的全部区域其实都已投入使用。

科学方法

1. **观察**：可以是直接的，也可以是间接的。通过观察能够获得数据。

2. **比较**：利用当前理论和历史测试，对收集到的数据进行测试。

科学知识

奥地利哲学家卡尔·波普认为，只有通过不断证明事物的错误之处，才能获得科学知识。这被称为波普的证伪原则。

伟大的科学家

科学发现凝聚了众多科学工作者的努力、智慧与才干。科学研究需要团队合作,但纵观历史,很多新奇的想法是由杰出的个人提出的。以下是一些最重要的科学家。

阿尔伯特·爱因斯坦
(1879—1955)

爱因斯坦是有史以来最著名的科学家之一,他的思想改变了我们对宇宙的看法。很多新发现都是基于他看待空间和时间的新方式提出的,他的理论还解释了重力和光的特性,而他的思想使许多发明成功问世,包括激光、核能和计算机。

玛丽·居里
(1867—1934)

居里夫人是法国的波兰裔科学家、物理学家和化学家,与丈夫皮埃尔一起研究放射性元素。她发现了放射性元素镭和钋,为治疗癌症提供了新方法,挽救了成千上万人的生命。她是第一位获得诺贝尔奖的女性科学家。

伟大的科学家 **06**

德米特里·门捷列夫
(1834—1907)

俄罗斯科学家门捷列夫研究出了化学元素的分组方法，并据此编制了元素周期表，于1869年首次出版。根据门捷列夫排列元素的方式，人们对可能存在的其他未知元素做出了预测，并在门捷列夫死后的几年里，发现了这样的元素。

斯蒂芬·霍金
(1942—2018)

英国大体物理学家和宇宙学家曾提出多项有关广义相对论和黑洞的最重要理论。在《时间简史》一书中，他用简单的方式解释了大爆炸宇宙论等复杂命题。

阿基米德
（公元前287—212）

作为一名杰出的机械师，阿基米德阐释了杠杆原理，并发明了许多不同的机器。

约翰内斯·开普勒
（1571—1630）

德国天文学家开普勒发现了行星绕太阳运动的规律。

罗伯特·波义耳
（1627—1691）

英国人波义耳被誉为现代化学之父。他进行了许多气体实验，并提出新的定律来解释它们的规律。

艾萨克·牛顿
（1642—1727）

牛顿是英国的一位数学家、物理学家、天文学家和哲学家，为科学的诸多领域贡献了许多新思想。他的引力理论一直主导着科学界，直到爱因斯坦后来提出了新的补充。

托马斯·爱迪生
（1847—1931）

美国物理学家和发明家爱迪生发明了电报，它是一种远程通信方式。他总共拥有1000多项发明。

欧内斯特·卢瑟福
（1871—1937）

来自新西兰的物理学家卢瑟福研究了原子，他发现原子的中心都有一个小的原子核，原子核周围环绕着沿轨道运行的电子。

07 科技与文化

火车

最早的火车出现在大约200年前,时速不到20千米。现代火车的速度不断加快,现在最快的列车最高时速达到了近600千米/小时。

操纵室
火车司机坐在这里。

574.83 千米/小时
世界上最快的火车的最高速度。

防风墙

火车 **08**

紧急出口
出现紧急情况时，司机可以从这里离开火车。

驱动
车头由电力驱动，而电力则由轨道上方的线路提供。

- 线路
- 集电器
- 电流
- 活动臂
- 柱塞
- 弹簧

车轮和轨道
火车上的每个车轮都由自己的电机驱动（左下图）。在过去的150年里，火车运行的轨道系统（右下图）基本保持不变。

- 电机
- 驱动轮
- 电缆
- 头部
- 网状物
- 底部
- 铁轨
- 枕木
- 道钉

科技与文化

飞机

1903年,莱特兄弟首次驾驶飞机进行持续动力飞行,很快,飞机就成了主要的交通工具。最早的飞机是用木头、帆布和钢制成的,又小又轻。现代喷气式飞机又大又重,但所有的飞机都遵循物理基本原则,同样可以起飞。

空中的巨人

空客380是世界上最大的客机,最多可载客850人。这架巨型飞机的速度为马赫数0.85,即每小时945千米,可以不间断飞行15 200千米,相当于纽约到香港的距离。

飞机如何飞行?

飞行的秘密在于翅膀,也就是机翼的形状。通过机翼上层的空气必须比下层的空气多经过一些距离,也就是说机翼上方的空气比下方的空气流动的速度要快。这会导致机翼上方的气压低于机翼下方的气压,从而产生升力,向上推动机翼。

高速=低压

气流

机翼

低速=高压

提升

飞机 10

襟翼
在起飞和降落时使用。它们可以延长，来扩大机翼的面积。

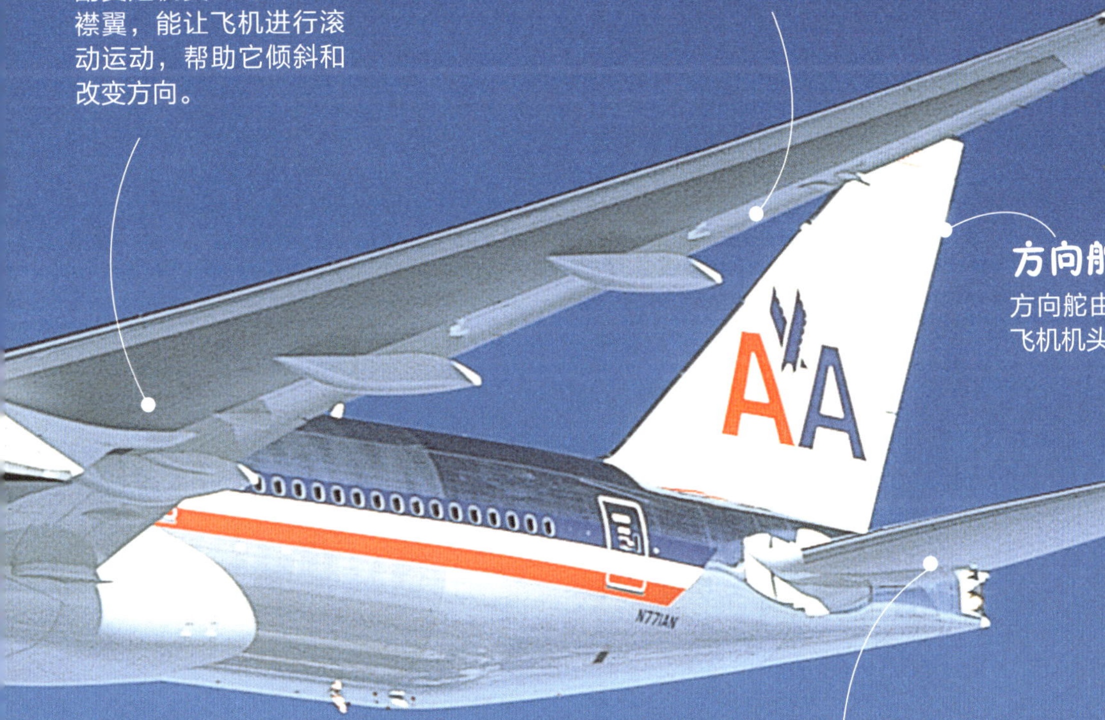

副翼
副翼是机翼上的铰链式襟翼，能让飞机进行滚动运动，帮助它倾斜和改变方向。

方向舵
方向舵由飞行员用踏板操纵，使飞机机头向右或向左转动。

升降舵
升降舵升高或降低机头，从而改变飞行高度。

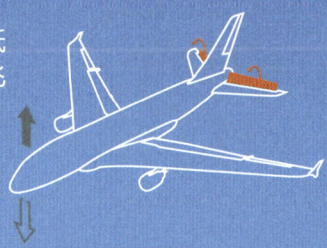

马赫数
马赫数是速度与声速的比值，它等于声音在空气中传播的速度。在海平面上，马赫数1约为每小时1 225千米。

征服太空

1957年，人类向太空发射了第一颗人造卫星，自此拉开了太空探险的序幕。自那时起，人类开始了数次载人探险，但大多数还是无人探险，将航天器直接发射到遥远的太阳系，或者让人造卫星环绕地球运行等。通过这些探索之旅，我们对宇宙有了更多的了解。

人造卫星
人造卫星是绕地球运行的航天器，它由火箭发射到太空。现在有许多不同类型的卫星正在绕地球运行，执行与通信、卫星电视、天气信息和军事信息等相关的任务，并用无线电波把收集到的信息传回地球。

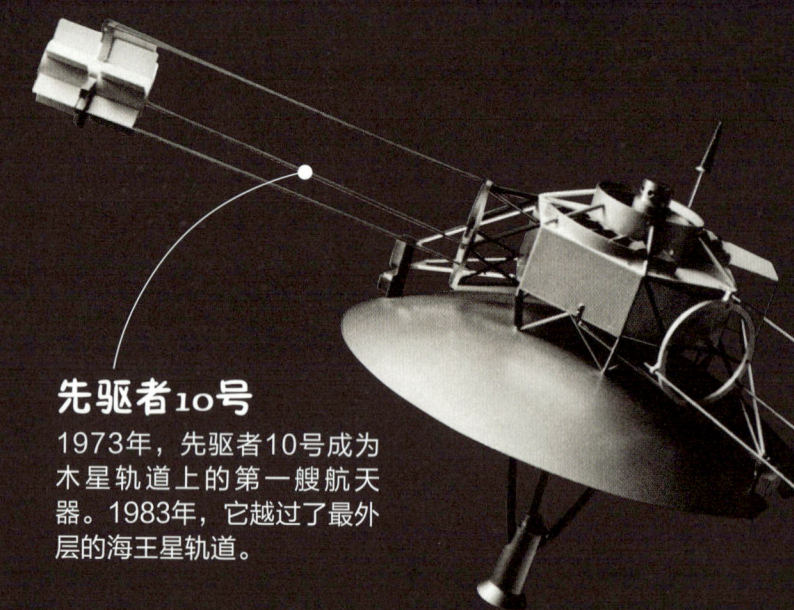

先驱者10号
1973年，先驱者10号成为木星轨道上的第一艘航天器。1983年，它越过了最外层的海王星轨道。

斯普特尼克一号
苏联于1957年将第一颗人造卫星送入太空。

太空探测器
太空探测器是探索太空的无人飞船，由太阳能电池板提供动力，用以研究行星类的自然物体，并利用装备的照相机和无线电向地球发回有关信息。

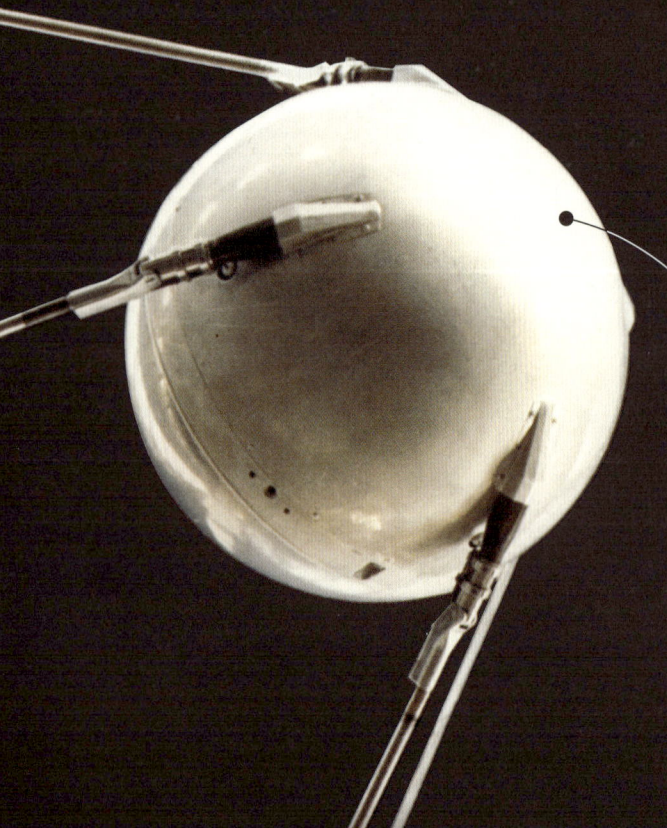

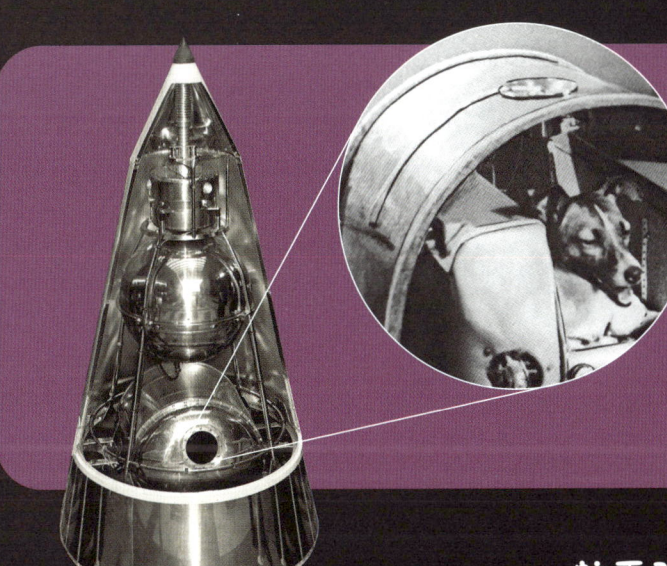

第一只进入太空的动物

在第二次太空飞行中,苏联发射了一颗名为"斯普特尼二号"的卫星,上面第一次搭载了一只叫莱卡的狗,并将其与一台监测健康状况的机器相连。从那时起,包括猴子在内的其他动物陆续被送入太空。

航天飞机

航天飞机是一种特殊的航天器,它可以返回地球,执行多次飞行任务。

载人航天

载人飞船携带的设备可以为宇航员提供空气、水和食物,此外还配有让宇航员放松的区域。这些设备增加了载人航天的成本。第一个进入太空的人是尤里·加加林,他于1961年在最大高度315千米处绕地球轨道飞行。

环绕地球的人造卫星有数千颗。

征服太空

13 科技与文化

人类与月球

苏联于1961年将第一位宇航员送入太空。八年后，美国把第一个宇航员送上了月球。1969年7月20日，阿波罗11号登月，两名宇航员在月球表面迈出了人类在太空上的第一步。此后，阿波罗又执行了五次登月任务，最后一次是在1972年。

旅程

阿波罗11号从地球到月球用了四天时间。宇航员们在月球表面停留了21小时37分钟。

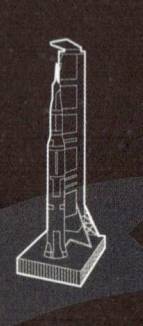

1. 用土星五号火箭发射的宇宙飞船，由哥伦比亚号和鹰号这两个模块组成。

2. 在绕地球轨道运行一周之后，这些模块与土星五号分离并向月球移动。

3. 在绕月球运行之前，这些模块一直保持在一起。

4. 最后，鹰号分离并降落在月球表面。哥伦比亚号在环绕月球的轨道上等待。

雷达天线

实验设备

人类与月球 14

舱室

阿波罗11号是美国六次登月任务中的第一次。1969年至1972年间，阿波罗12号、14号、15号、16号和17号都取得了成功。只有阿波罗13号未能成功，因氧气罐爆炸后被迫返回地球。六次成功登月之后，阿波罗计划结束，从此再也没有人重返月球。

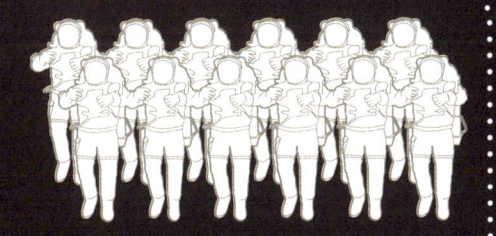

12名宇航员在月球上行走。

384 400 千米
这是从月球到地球的平均距离。

燃料箱

机组成员
机组成员是三名经验丰富的宇航员，他们都参加过之前的太空任务。

尼尔·阿姆斯特朗
第一个登上月球的人。

迈克尔·柯林斯
当他的两个同事登上月球时，他留守在哥伦比亚号上。

埃德温·奥尔德林
第二个登上月球的人。

阿姆斯特朗在登上月球后说："这是我个人的一小步，却是人类的一大步。"

计算机

在过去的几十年里，计算机的发展取得了长足的进步，从占据整个房间的巨大计算机器精简成为家用电脑和笔记本电脑。如今，在我们学习、工作和生活中，计算机都扮演着重要角色。目前正在进行的研究是利用生物技术来制造新的计算机，其功能可能比我们现在拥有的更为强大。

显示器
使用像素（红、蓝或绿点）来表示数字图像。

显卡
显卡连接到主板，负责转换CPU（中央处理器）的数据并将其发送到显示器上。

硬盘
硬盘是存储所有信息（文件）的内部设备。

像素
像素是计算机显示器上数字图像的最小或最基本的单位。

计算机 16

键盘
与打字机类似，键盘通过向微处理器发送编码信号来输入数字、字母、符号等数据。

鼠标
它能记录手的运动，计算坐标的变化，并相应地控制光标在图形用户界面上的移动。

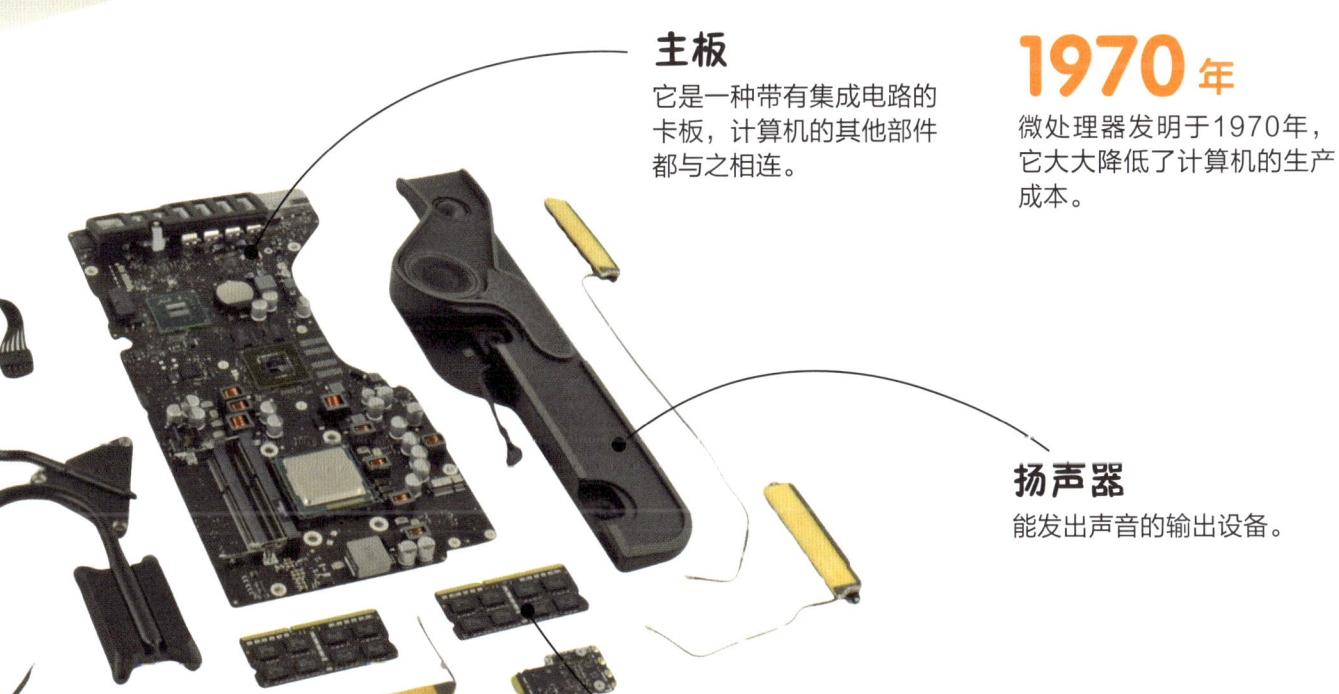

主板
它是一种带有集成电路的卡板，计算机的其他部件都与之相连。

1970 年
微处理器发明于1970年，它大大降低了计算机的生产成本。

扬声器
能发出声音的输出设备。

风扇冷却器
计算机运行时会产生大量热量，因此必须配备风扇冷却器。

随机存取存储器
临时存储微处理器使用的所有信息和程序的存储器。

互联网

互联网是一个遍布全球的计算机网络。如果是在家里上网，我们需要把电脑与另一台功能更强大的电脑连接。这台电脑叫做服务器，它会将我们的联网请求发送到全球各地，然后发送回复至我们的电脑，完成这整个过程只需几秒钟。

1 计算机
计算机以"数据包"的形式向服务器发送信息请求。

2 源服务器
读取来自许多不同计算机的请求并将其发送到目标服务器。

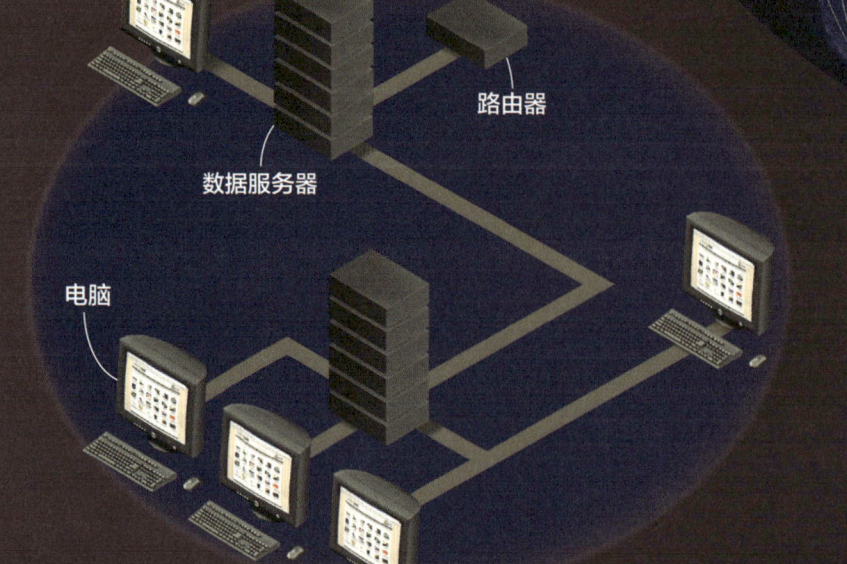

3 路由
不同的网络通过路由相互连接，由路由器选出发送信息的最佳路径。

互联网 18

4

目标服务器
将信息发送至请求它的服务器。

路由器

目标服务器

56%
英文（互联网上最常用的语言）网站所占的比例。

5

接收信息
当计算机接收到信息时，会显示请求的结果。

亚洲
拥有最多的互联网用户（45%）。

44亿
2019年年初的网民数量，这个数字还在不断增长。

能源

自从蒸汽机被发明以来，全世界一直在大量使用无法再生的能源。石油和天然气等化石燃料可能在未来几十年内开始枯竭。我们如今面临的最大挑战之一就是寻找一种廉价、清洁、不会枯竭的能源。

回收垃圾
我们生活中产生的大部分垃圾都可以在生物消化池中处理，进而转化为热量、电力和肥料。

地热
在火山地区，地热发电站利用地壳深处的热量发电。

风力发电
风车是最有发展前景的能源供给方式之一，能够在多风的地区提供充足的电力。但有些人因为它们的噪声和外观而反对风车。

10%
世界上最大的石油生产国沙特阿拉伯占全世界石油产量的百分比。

生物燃料
生物燃料是用来生产燃料的作物。巴西和美国等国种植玉米和甘蔗作为燃料。但生物燃料也有缺点，那就是占用了原本可以用来种植粮食作物的土地。

能源 20

♻️ 太阳的礼物
阳光是一种清洁能源，可以通过太阳能电池板等设备，提供热量和电力。然而，要使其成为可大规模使用的优质能源，还需要解决很多问题。

清洁燃料
除了易于使用，能源对环境的影响也是决定它是否可用的一个重要因素。

♻️ 水力
在水力发电站里，河流的能量可以以一种更为廉价清洁的方式转化为电能。

❌ 石油和天然气
石油和天然气是优质能源，但它们的全球储备已经开始枯竭。燃烧石油和天然气会释放二氧化碳，导致全球变暖。

❌ 核能
核能是一种不会耗尽的清洁、强大的能源，但风险度也很高。因此需要的技术手段也非常复杂，一旦发生事故，致命的放射性物质就可能泄漏并释放到环境中。

21 科技与文化

古代世界七大奇迹

古希腊人认为这七座建筑是世界上最壮观的，证明了人的创造力。这份列表摘自安提帕特写于公元前125年的一首短诗，但早期的列表是历史学家希罗多德和拜占庭的工程师斐罗写的。

② 巴比伦空中花园
空中花园建于公元前六世纪。当时的巴比伦是幼发拉底河畔一座强盛的城市。

③ 阿尔弥斯神庙
这座神庙由利迪亚国王克罗埃索斯建于土耳其的以弗所，供奉着被罗马人称为狄安娜的女神阿尔弥斯。

④ 奥林匹亚宙斯巨像
公元前432年，希腊雕塑家菲迪亚斯用大理石和黄金制作了这座巨大的宙斯神像，高达12米。

古代世界七大奇迹 **22**

230 万
用来建造吉萨大金字塔的石块数量。

1 埃及胡夫金字塔
在所有七大奇观中，为古埃及法老胡夫建造的大金字塔是最为古老，也是唯一现存的奇观。在大约公元前2540年完成，它位于埃及首都开罗城外。

巴比伦的空中花园旧址现在已成为伊拉克的一部分。

5 毛索洛斯墓
这座巨大的陵墓由白色大理石制成，建于土耳其的哈利卡纳萨斯市。它是为卡里亚的统治者毛索洛斯在公元前353年去世时制作的。

6 罗德岛巨像
公元前3世纪，这座巨大的希腊神赫利俄斯雕像在罗德岛建成。由放置在铁架上的青铜板制成。

7 亚历山大灯塔
这座将近120米高的灯塔建于公元前3世纪，它位于埃及亚历山大港附近的法路斯岛上。

中国的长城

中国人为抵御侵略而建造了万里长城，它横跨中国北部，绵延数千千米。城墙上的走道和走廊让部队在遭遇袭击时迅速展开行动。

传说

这面墙被称为"石龙"，因为它看起来像一条向西方望去的龙。

烽火台

每隔500米设置一座烽火台，用来监视敌情。当敌军来袭时，烽火台里就会冒出浓烟。

狼烟

从一座烽火台上飘出的一个烟柱表明敌军不到500人，两个烟柱则意味着更强大的敌军。晚上，人们会用火代替烟。

墙

这些墙的平均高度为6.5米,有些地方高达10米。墙基宽约6.5米。

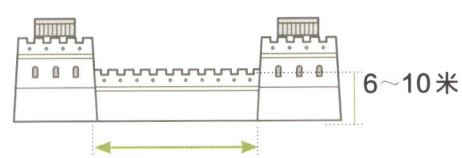

6~10米

两座烽火台之间的距离约为500米。

信号

敌人进攻的消息会从一座烽火台传到另一座。

真实档案

位置:中国。

类型:防御工事。

建成时间:公元前221年至公元1644年。

规模:超过6 000千米长;6~10米高,6米宽。

明代修建的长城现如今成为一大旅游景点。这些长城由石头砌成,上面覆盖着砖块,其他部分的材料是黏土或石灰石。

建筑技术

秦、汉、明是修筑长城的主要历史阶段,而城墙最古老的部分可以追溯到公元前5世纪。那是因为早在春秋战国时,已有诸侯国自建城墙,而秦长城在修建时将这些已有的城墙连接起来。在明朝,人们用一层泥砖覆盖在长城的石质结构上。

秦朝
第一座长城是用泥土和石头建造的。

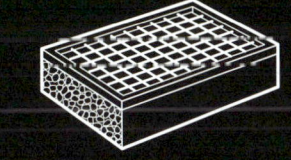

汉朝
长城的木质框架里装满了水和细砾石的混合物。

明朝
明长城使用的是石头和泥土的混合物,上面覆盖着一层泥砖。

马丘比丘

被遗弃的马丘比丘城建于15世纪,坐落在秘鲁南部安第斯山脉的高处。这座建筑,可能是遵照萨帕印加国王帕查库提的命令建造的。马丘比丘曾经被遗忘了很久,直到20世纪初才重新进入大众视野。

所有现存的建筑物都是用花岗岩建造的。

真实档案

位置:库斯科西北75公里。

规模:海拔2 430米,面积381.61平方千米。

分区

楼梯、墙和排水渠将马丘比丘分成了农业区和城市区。

采石场

城市区

农业区

农作物

城市四周都是种植庄稼的梯田。

外围塔楼

山腰以下的系列建筑共有五座,分布在梯田的每一层,控制着这座城市的交通要道之一。

马丘比丘　26

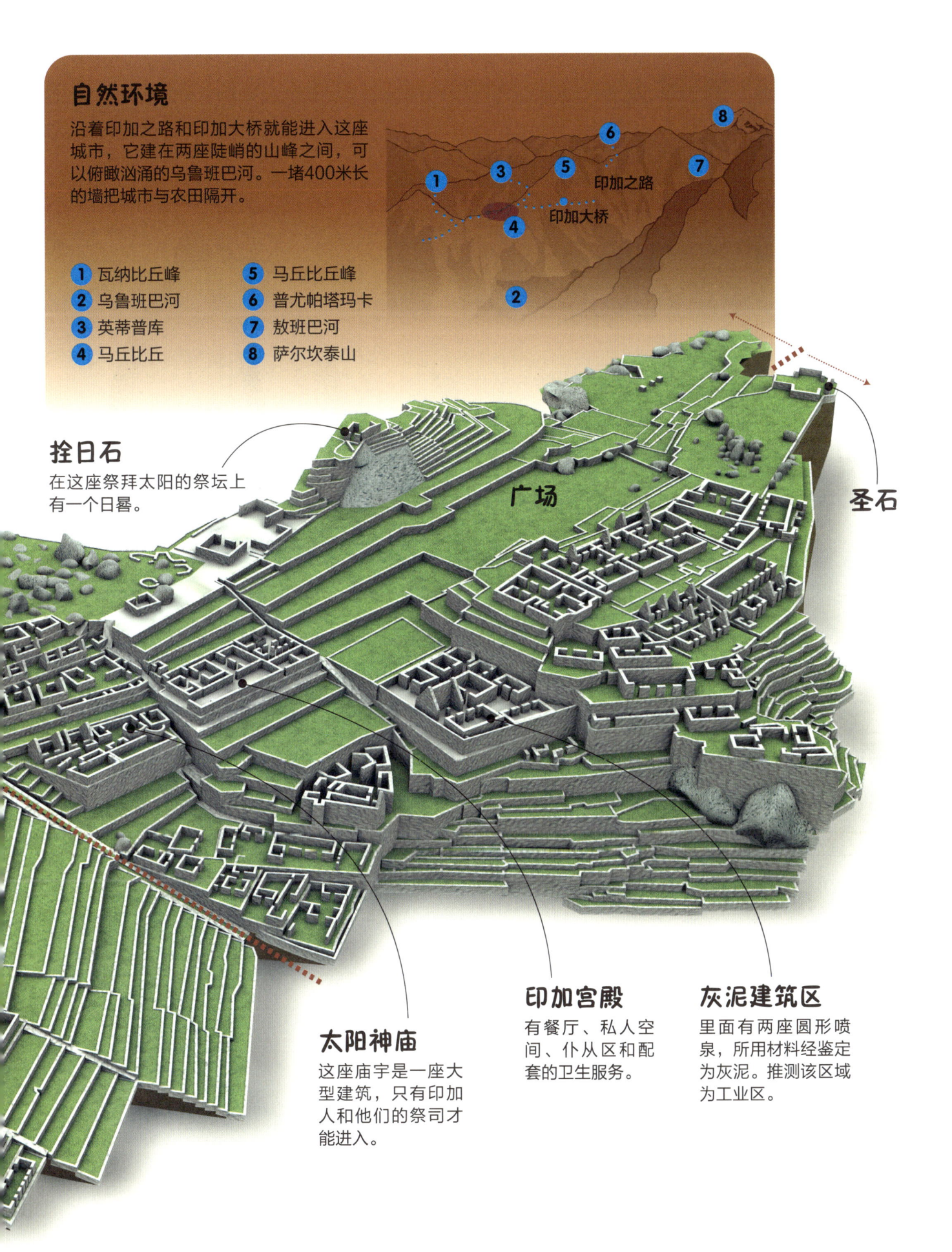

自然环境

沿着印加之路和印加大桥就能进入这座城市，它建在两座陡峭的山峰之间，可以俯瞰汹涌的乌鲁班巴河。一堵400米长的墙把城市与农田隔开。

1. 瓦纳比丘峰
2. 乌鲁班巴河
3. 英蒂普库
4. 马丘比丘
5. 马丘比丘峰
6. 普尤帕塔玛卡
7. 敖班巴河
8. 萨尔坎泰山

印加之路
印加大桥

拴日石
在这座祭拜太阳的祭坛上有一个日晷。

广场

圣石

太阳神庙
这座庙宇是一座大型建筑，只有印加人和他们的祭司才能进入。

印加宫殿
有餐厅、私人空间、仆从区和配套的卫生服务。

灰泥建筑区
里面有两座圆形喷泉，所用材料经鉴定为灰泥。推测该区域为工业区。

泰姬陵

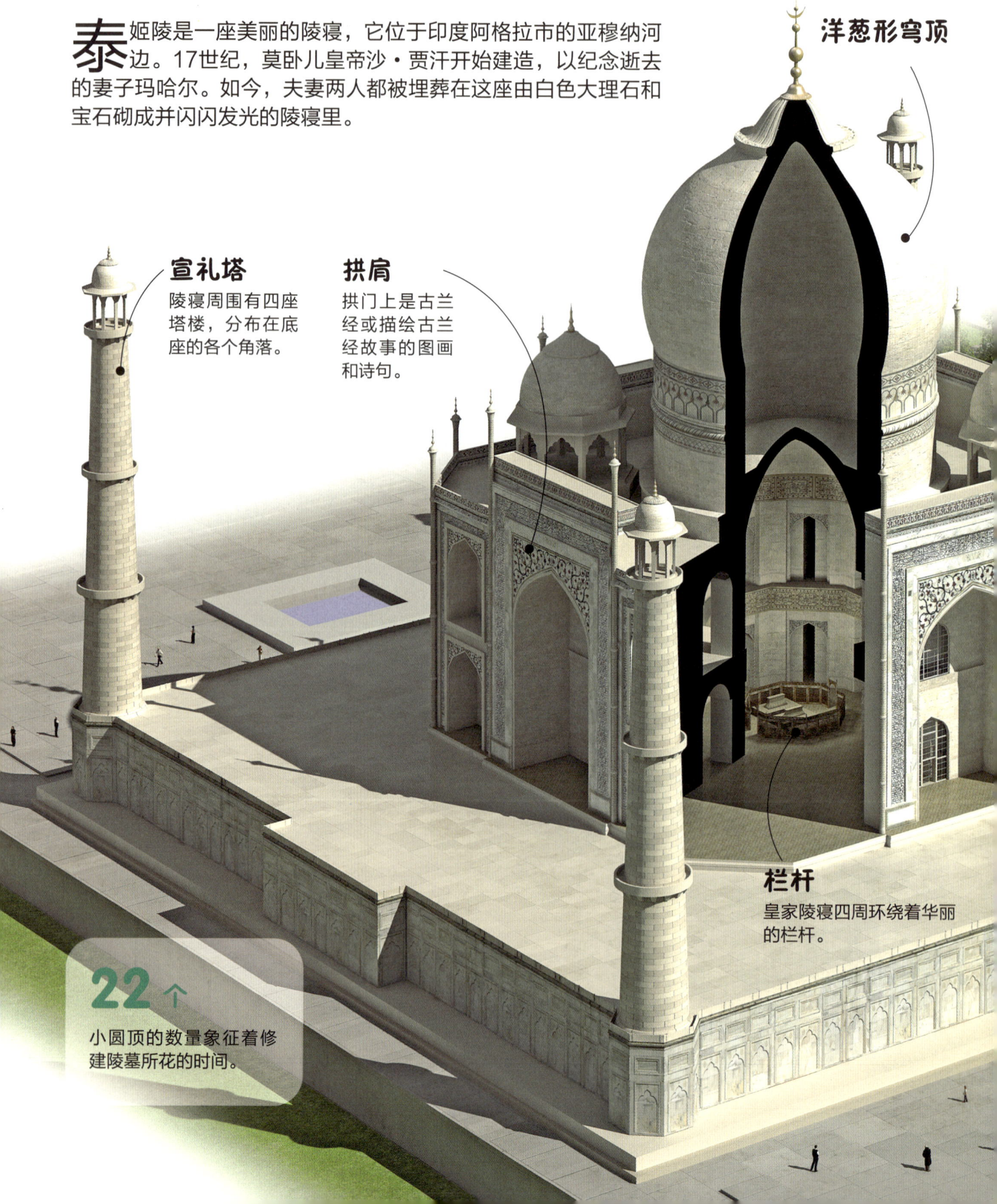

泰姬陵是一座美丽的陵寝，它位于印度阿格拉市的亚穆纳河边。17世纪，莫卧儿皇帝沙·贾汗开始建造，以纪念逝去的妻子玛哈尔。如今，夫妻两人都被埋葬在这座由白色大理石和宝石砌成并闪闪发光的陵寝里。

洋葱形穹顶

宣礼塔
陵寝周围有四座塔楼，分布在底座的各个角落。

拱肩
拱门上是古兰经或描绘古兰经故事的图画和诗句。

栏杆
皇家陵寝四周环绕着华丽的栏杆。

22个
小圆顶的数量象征着修建陵墓所花的时间。

泰姬陵 **28**

光线通过镶嵌在大理石上的宝石照射到中央宫殿内部。

花园

花园分为16个部分，有许多花坛、凸起的小径、成行的树木、喷泉、溪流和宽阔的池塘。水面能倒映出这座宏伟的陵寝。

柱基
长方形的底座，增加了陵寝建筑的高度，令人叹为观止。

宫殿在后，前面有喷泉和花园。游客可以全方位地感受陵寝的宏伟。

自由女神像

巨大的自由女神像是世界上最著名的纪念碑之一，坐落于纽约曼哈顿岛的南部，俯瞰哈德逊河河口。1886年，法国将这座全名为"照耀世界的自由女神"的建筑送给美国，以纪念美国独立100周年。

档案

结构
雕像内部的塔楼用来保持稳定，塔楼周围的骨架固定着外层铜的位置。

铭牌
基座上原有一块铭牌，上面刻着艾玛·拉扎露丝的诗《新巨人》。这块铭牌现在于雕像内部展出。

基座
基座是方形的，放置在星形底座上，重达27 000吨。

博物馆
雕像脚下有两座博物馆。

设计
自由女神像的设计让人想起著名的罗德岛巨人。这是法国雕塑家巴托尔迪的作品，它的内部结构由工程师古斯塔夫·埃菲尔设计。

弗雷德里克·奥古斯特·巴托尔迪

自由女神像 30

火炬
火炬最初是用铜制作的。1916年，为使火焰金光闪闪，600块黄色玻璃替换了原来的铜质材料。

冠冕
皇冠上有七道射线。象征着世界七大洲。

这座雕像是欧洲移民乘船抵达美国时看到的第一幅画面。

头部
从下巴到前额有五米的距离。要到达头部，游客必须爬354级楼梯。

电梯
游客可以乘电梯到达第十层，但后面的12层只能步行。

92.99米
雕像从底座到火炬的高度。

铭牌
这块铭牌记载了美国独立的时间及《独立宣言》，它象征着自由。

束腰外衣
这件长袍是希腊古典女神的风格。

现代建筑

20世纪初，各种各样的艺术家都在寻找新的表达方式，而建筑师们开始采用新风格来进行设计。其中包括以勒·柯布西耶为代表的理性主义，以及以弗兰克·赖特为代表的有机建筑，随着时间的推移，越来越多的新建筑风格出现了。

萨沃耶别墅
巴黎附近的萨沃耶别墅由勒·柯布西耶设计，建于1931年。最近经过几次翻新，现已向公众开放。

落水
这座有机别墅建筑由赖特设计，搭配了包括瀑布、岩石和植物在内的人造景观。

正面
每个外墙（立面）都是不同的。大窗户可以使建筑内的光线充足。

柱
一楼和露台由柱子支撑，下面留出很大的空地。

悉尼歌剧院
这座歌剧院建在澳大利亚城市悉尼的港口，呈巨帆形。由建筑师约恩·乌特松设计，于1973年完工。

楼梯
一楼有楼梯通向二楼和三楼的露台。

现代建筑 **32**

勒·柯布西耶形容房屋为"供居住的机器"。

颜色
外部的白色与建筑物内部色彩鲜艳的墙壁截然不同。

勒·柯布西耶
瑞士建筑师勒·柯布西耶是现代建筑的先驱。他设计的建筑线条鲜明，色彩朴素，天然去雕饰。

法国马赛的塔楼

法国朗香教堂

史前艺术

人类在数千年前就开始创造艺术，根据他们的想象描绘并制作物品。已知的最早图画是在30 000多年前在洞穴壁上绘制的。这些早期的艺术作品常常表现出他们的创造者对生与死的看法。

阿尔塔米拉

西班牙的阿尔塔米拉洞窟里，生活在15 000年前的人类留下了他们的艺术作品。这是全世界最优秀的古代洞穴壁画之一。

雕塑

第一批雕塑是在工具末端发现的。另一种常见的早期雕塑被称为维纳斯雕像。它是一个圆形的女性形象，象征着地球母亲，被视为所有生命的源泉。

建筑

最古老的建筑是用巨大的石板建造的。对建造者而言，这些建筑通常具有宗教意义。

巨石阵

巨石阵是英格兰南部的一个石头圈，据说是举行宗教仪式的地方，但此猜测并未得到证实。

史前艺术 **34**

史前欧洲

旧石器时代 | 新石器时代

40 000年前	30 000年前	25 000年前	10 000年前	6 000年前
人类第一次在欧洲定居。	第一幅洞穴壁画。	维纳斯雕像得到普及。	新石器时代开始。	第一批城市出现,史前时代结束。

岩画
几千年前的人们在洞穴的岩石上描绘了人和动物的形象。

形象
洞穴壁画中最常见的形象是猛犸象、野牛、鬣狗和马等动物。

现实主义
虽然只有寥寥数笔,但动物还是被描绘得非常逼真。人类很少出现在这样的岩画里。

颜色
颜料是用天然物质制成的,来自碳的黑色和来自氧化铁的红色是最常用的颜色。

现代艺术

19世纪和20世纪，美术领域发生了很大的变革。随着照相机的发明，画家们开始意识到，他们不必再完全如实地画出实物，交给照相机去记录就可以了。于是，艺术家们开始尝试不同的颜色和形状，探索新思想，进而出现了印象派、表现主义和立体主义等新流派。欧洲最早出现了这些新艺术派别。

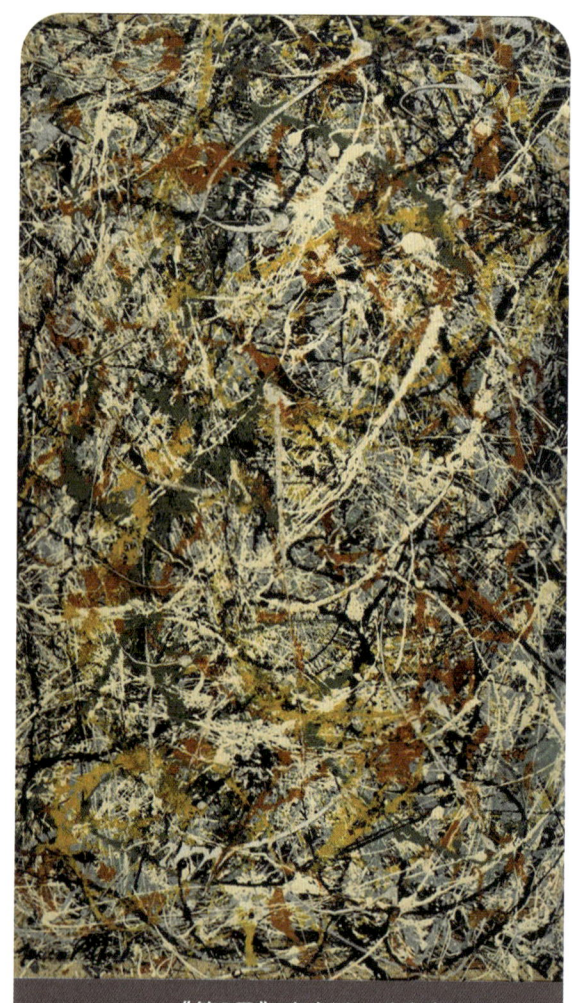

色彩

画家们开始用明亮的颜色表现一天中特定时间的光线。

《草地上的午餐》爱德华·马奈 1863

《第3号》杰克逊·波洛克 1949年

抽象表现主义

20世纪40年代，这一当代绘画运动兴起于美国，随后传播至全世界。杰克逊·波洛克是其中的代表人物。作画时，他把大画布钉在地上，让颜料滴落，创造出无比壮观的效果。

令人震惊的画面

19世纪最具革命性的绘画出现在法国。那时，许多人还无法接受裸体的人物形象出现在日常生活场景中。印象派艺术家爱德华·马奈在《草地上的午餐》中，描绘了一个坐在公园里的裸体女人。在此之前的绘画作品里，只有神话人物才会以裸体形象示人。马奈是印象派中一位重要的艺术家。

现代艺术 36

《苹果和橘子》保罗·塞尚 1899年

变革

法国画家保罗·塞尚描绘了一幅包含许多焦点的场景，对绘画产生了革命性的影响。对塞尚而言，任何物体都可以画成圆柱体、圆锥体或球体，这就是由塞尚的作品发展而来的立体主义运动，是20世纪最重要的运动之一。

空间

塞尚没有把整个场景看作一幅图像，而是将每一个单独的物体都当作一个独立的雕塑来描绘。

先锋派

在20世纪初，新的艺术学校发展起来，被称为先锋派。他们介绍了看待艺术的新方法和对艺术定义的新想法。最重要的先锋运动包括表现主义、未来主义、立体主义、超现实主义和达达主义。艺术家的工作从精准再现可见的世界转变为创造自己的世界。

形式

西班牙画家胡安·格里斯等立体主义者试图表现出我们想象中的而不是现实生活中的物体。

《椅子上的吉他》胡安·格里斯 1913年

现代奥林匹克运动会

在古希腊，在纪念宙斯的节日上举行了称为奥林匹克运动会的体育赛事。19世纪末，顾拜旦受古希腊人的启发，发起了现代奥林匹克运动会。首届现代奥林匹克运动会于1896年在雅典举行，现在每四年举行一次。

和平竞技

在古希腊，为了维护奥运会期间的和平，各城邦间甚至会签订休战条约。顾拜旦希望现代奥运会也能让各国和平共处，帮助人们更好地相互了解。

银牌

这枚银牌来自1908年的伦敦奥运会。

顾拜旦

法国人顾拜旦（1863–1937）创立了现代奥林匹克运动会。

现代奥林匹克运动会

仅限男士
和古代奥运会一样，1896年的雅典奥运会禁止女性参赛。

尤塞恩·博尔特
共获得八枚金牌，是奥运历史上最伟大的明星之一。

43 项
1896年雅典奥运会的比赛项目数，包括各种田径项目、体操、游泳、射击和摔跤。

田径冠军
希腊牧羊人斯皮里顿·路易斯在本国观众面前赢得了第一个奥运会马拉松冠军。马拉松是一项公路比赛，全程42.195千米。除了径赛项目外，田径运动还包括铁饼、标枪和跳远等田赛项目。

奥运会参赛情况

年份	主办方	参赛国家和地区数	运动员数
1896	雅典	12	280
1900	巴黎	24	997
1904	圣路易斯	12	645
1908	伦敦	22	2 008
1912	斯德哥尔摩	28	2 407
1920	安特卫普	29	2 626
1924	巴黎	44	3 100
1928	阿姆斯特丹	46	2 833
1932	洛杉矶	37	1 332
1936	柏林	49	3 963
1948	伦敦	59	4 104
1952	赫尔辛基	69	4 955
1956	墨尔本	67	3 314
1960	罗马	83	5 338
1964	东京	93	5 151
1968	墨西哥城	112	5 516
1972	慕尼黑	122	7 134
1976	蒙特利尔	92	6 084
1980	莫斯科	81	5 179
1984	洛杉矶	140	6 829
1988	首尔	159	8 391
1992	巴塞罗那	169	9 356
1996	亚特兰大	197	10 318
2000	悉尼	199	10 651
2004	雅典	201	10 625
2008	北京	204	11 028
2012	伦敦	204	10 568
2016	里约热内卢	206	11 551

版权专有　侵权必究

图书在版编目（CIP）数据

万物有道理：图解万物百科全书：全5册 / 西班牙Sol90公司著；周玮琪译. —北京：北京理工大学出版社，2021.5

书名原文: ENCYCLOPEDIA OF EVERYTHING!

ISBN 978-7-5682-9478-2

Ⅰ.①万… Ⅱ.①西… ②周… Ⅲ.①科学知识—青少年读物 Ⅳ.①Z228.2

中国版本图书馆CIP数据核字（2021）第016021号

北京市版权局著作权合同登记号　图字：01-2020-6287

Encyclopedia about Everything is an original work of Editorial Sol90 S.L. Barcelona

@ 2019 Editorial Sol90, S.L. Barcelona

This edition in Chinese language @ 2021 granted by Editorial Sol90 in exclusively to Beijing Institute of Technology Press Co.,Ltd.

All rights reserved

www.sol90.com

The simplified Chinese translation rights arranged through Rightol Media（本书中文简体版权经由锐拓传媒取得Email:copyright@rightol.com）

出版发行 / 北京理工大学出版社有限责任公司
社　　址 / 北京市海淀区中关村南大街5号
邮　　编 / 100081
电　　话 / （010）68914775（总编室）
　　　　　（010）82562903（教材售后服务热线）
　　　　　（010）68948351（其他图书服务热线）
网　　址 / http：//www.bitpress.com.cn
经　　销 / 全国各地新华书店
印　　刷 / 雅迪云印（天津）科技有限公司
开　　本 / 889毫米×1194毫米　1/16
印　　张 / 13.5　　　　　　　　　　　　　　　　　责任编辑 / 马永祥
字　　数 / 200千字　　　　　　　　　　　　　　　 文案编辑 / 马永祥
版　　次 / 2021年5月第1版　2021年5月第1次印刷　　责任校对 / 刘亚男
定　　价 / 149.00元（全5册）　　　　　　　　　　　责任印制 / 施胜娟

图书出现印装质量问题，请拨打售后服务热线，本社负责调换